Springer-Verlag Berlin Heidelberg GmbH

Veröffentlichungen aus dem Gebiete des Militär-Sanitätswesens.

Herausgegeben von der Medizinal-Abteilung des Kgl. Preussischen Kriegsministeriums.

1. Heft. Historische Untersuchungen über das Einheilen und Wandern von Gewehrkugeln. Von Stabsarzt Dr. A. Köhler. 1892. 80 Pf.

2. Heft. Ueber die kriegschirurgische Bedeutung der neuen Geschosse. Von Geh. Ober-Med.-Rat Prof. Dr. von Bardeleben. 1892. 60 Pf.

3. Heft. Ueber Feldflaschen und Kochgeschirre aus Aluminium. Bearbeitet von Stabsarzt Dr. Plagge und Chemiker G. Lebbin. 1893. 2 M. 40 Pf.

4. Heft. Epidemische Erkrankungen an akutem Exanthem mit typhösem Charakter in der Garnison Cosel. Von Oberstabsarzt Dr. Schulte. 1893. 80 Pf.

5. Heft. Die Methoden der Fleischkonservierung. Von Stabsarzt Dr. Plagge und Dr. Trapp. 1893. 3 M.

6. Heft. Ueber Verbrennung des Mundes, Schlundes, der Speiseröhre und des Magens. Behandlung der Verbrennung und ihrer Folgezustände. Von Stabsarzt Dr. Thiele. 1893. 1 M. 60 Pf.

7. Heft. Das Sanitätswesen auf der Weltausstellung zu Chicago. Bearbeitet von Generalarzt Dr. C. Grossheim. Mit 92 Textfiguren. 1893. 4 M. 80 Pf.

8. Heft. Die Choleraerkrankungen in der Armee 1892 bis 1893 und die gegen die Cholera in der Armee getroffenen Massnahmen. Bearbeitet von Stabsarzt Dr. Schumburg. Mit 2 Textfiguren und 1 Karte. 1894. 2 M.

9. Heft. Untersuchungen über Wasserfilter. Von Oberstabsarzt Dr. Plagge. Mit 37 Textfiguren. 1895. 5 M.

10. Heft. Versuche zur Feststellung der Verwertbarkeit Röntgenscher Strahlen für medizinisch-chirurgische Zwecke. Mit 23 Textfiguren. 1896. 6 M.

11. Heft. Ueber die sogenannten Gehverbände unter besonderer Berücksichtigung ihrer etwaigen Verwendung im Kriege. Von Stabsarzt Dr. Coste. Mit 13 Textfiguren. 1897. 2 M.

12. Heft. Untersuchungen über das Soldatenbrot. Von Oberstabsarzt Dr. Plagge und Chemiker Dr. Lebbin. 1897. 12 M.

13. Heft. Die preussischen und deutschen Kriegschirurgen und Feldärzte des 17. und 18. Jahrhunderts in Zeit- und Lebensbildern. Von Oberstabsarzt Prof. Dr. A. Köhler. Mit Porträts und Textfiguren. 1898. 12 M.

14. Heft. Die Lungentuberkulose in der Armee. Bearbeitet in der Medizinal-Abteilung des Königl. Preuss. Kriegsministeriums. Mit 2 Tafeln. 1899. 4 M.

15. Heft. Beiträge zur Frage der Trinkwasserversorgung. Von Oberstabsarzt Dr. Plagge und Oberstabsarzt Dr. Schumburg. Mit 1 Tafel und Textfiguren. 1900. 3 M.

16. Heft. Ueber die subkutanen Verletzungen der Muskeln. Von Dr. Knaak. 1900. 3 M.

17. Heft. Entstehung, Verhütung und Bekämpfung des Typhus bei den im Felde stehenden Armeen. Bearbeitet in der Medizinal-Abteilung des Königl. Preuss. Kriegsministeriums. **Zweite** Auflage. Mit 1 Tafel. 1901. 3 M.

18. Heft. Kriegschirurgen und Feldärzte der ersten Hälfte des 19. Jahrhunderts (1795—1848). Von Stabsarzt Dr. Bock und Stabsarzt Dr. Hasenknopf. Mit einer Einleitung von Oberstabsarzt Prof. Dr. Albert Köhler. 1901. 14 M.

19. Heft. Ueber penetrierende Brustwunden und deren Behandlung. Von Stabsarzt Dr. Momburg. 1902. 2 M. 40 Pf.

20. Heft. Beobachtungen und Untersuchungen über die Ruhr (Dysenterie). Die Ruhrepidemie auf dem Truppenübungsplatz Döberitz im Jahre 1901 und die Ruhr im Ostasiatischen Expeditionskorps. Zusammengestellt in der Medizinal-Abteilung des Königl. Preuss. Kriegsministeriums. Mit zahlr. Textfiguren und 8 Tafeln. 1902. 10 M.

21. Heft. Die Bekämpfung des Typhus. Von Geh. Med.-Rat Prof. Dr. Robert Koch. 1903. 50 Pf.

22. Heft. Ueber Erkennung und Beurteilung von Herzkrankheiten. Vortrag aus der Sitzung des Wissenschaftl. Senats bei der Kaiser Wilhelms-Akademie für das militärärztliche Bildungswesen am 31. März 1903. 1903. 1 M. 20 Pf.

23. Heft. Kleinere Mitteilungen über Schussverletzungen. Aus den Verhandlungen des Wissenschaftlichen Senats der Kaiser Wilhelms-Akademie für das militärärztliche Bildungswesen vom 3. Juni 1903. 1903. 2 M.

Veröffentlichungen

aus dem Gebiete des

Militär-Sanitätswesens.

Herausgegeben

vom

Sanitäts-Departement

des

Königlich Preussischen Kriegsministeriums.

Heft 69.

Bauhygienische Erfahrungen im waldreichen Hochgebirge.

Von

Priv.-Doz. Dr. **Th. Messerschmidt** (Strassburg i. Els.),

zurzeit Hygieniker beim Korpsarzt ... Korps.

Mit 33 Abbildungen im Text.

1918
Springer-Verlag Berlin Heidelberg GmbH

Bauhygienische Erfahrungen
im waldreichen Hochgebirge.

Von

Priv.-Doz. Dr. **Th. Messerschmidt** (Strassburg i. Els.),
zurzeit Hygieniker beim Korpsarzt ... Korps.

Mit 33 Abbildungen im Text.

1918
Springer-Verlag Berlin Heidelberg GmbH

ISBN 978-3-662-34982-3   ISBN 978-3-662-35317-2 (eBook)
DOI 10.1007/978-3-662-35317-2

Alle Rechte vorbehalten.

Nachdem sie den Feind siegreich geschlagen, waren die Truppen unseres Korps gezwungen, sich im fast völlig unbevölkerten Hochgebirge, das an den meisten Stellen höchstens von Bären- und Rotwildjägern für kurze Zeit betreten war, zum Stellungskrieg anzusiedeln. An den günstigsten Stellen dienten wenige Jagdhäuser in den Tälern vereinzelten Stäben als erste dürftige Unterkunft. Fast überall standen Führer und Truppen in Einöde und Urwald. Die Wege waren dem schroffen Gebirgscharakter entsprechend vielfach unbefahrbar und schlecht, sie erforderten langwierige und mühselige Arbeit, um sie für den notwendigsten Nachschub geeignet zu machen. Tageweit mußte günstigstenfalls auf kleinsten Gebirgskarren, meist auf Tragetieren alles und jedes herangeholt werden. Es galt aus dem Vorhandenen, dem dichten Urwald, mit den einfachsten Hilfsmitteln bewohnbare und gesunde Unterkünfte zu schaffen. Das waren, im steten harten Kampf mit dem Feinde, nicht geringe Anforderungen, doch die unendlichen Schwierigkeiten wurden überwunden.

„Wetterhart, kampfesfroh, siegesgewiß" hieß der kommandierende General unseren Wahlspruch.

Er gilt gegen den an Zahl weit überlegenen Feind, er gilt auch für die anfangs schier unüberwindbaren Forderungen der Hygiene.

Wie sie erfüllt wurden, mögen die folgenden Ausführungen zeigen.

Soweit militärische Verhältnisse es gestatten, sind für die Auswahl eines Bauplatzes folgende Gesichtspunkte zu beachten.

1. Geschützt gegen Lawinen und heftige Winde.
2. Der Vormittags- und Mittagssonne möglichst lange zugänglich, der Nachmittags- und Abendsonne weniger ausgesetzt.
3. In der Nähe und unterhalb von Quellen.

Neben diesen hygienischen Forderungen steht als in erster Linie bestimmend die möglichste Sicherung vor feindlichem Feuer.

Unbewaldete und steilere Abhänge, Schluchten an wenig zerklüfteten höheren Bergen bieten Lawinengefahr und zwar vor allem dann, wenn die freien Flächen dem Anwehen von Schnee ausgesetzt sind. Tote Winkel in der Hauptwindrichtung werden in erster Linie Schnee ansammeln.

Die Windrichtung der heftigen Stürme geht in engen Tälern talaufwärts, vielfach auch talabwärts; senkrecht zum Tal streichende Winde sind weniger unangenehm fühlbar.

Abbildung 1.

← Richtung der heftigen Winde.

Die vorherrschende Windrichtung in den Tälern bestimmt man durch eingehende Betrachtung des Wachstums von einzelstehenden oder höheren Bäumen. Dem Winde abgewandt stehen die Zweige üppiger und weniger zerfetzt, Äste und Stämme sind mit reichlichem Moos und Flechten besetzt. Auf der Windseite fehlen vielfach die Zweige nahezu vollständig; es fällt das vor allem auf bei bereits abgestorbenen Bäumen. Oftmals wachsen die Stämme auch infolge des Windrucks schräg (vgl. Abb. 1).

Die von Stürmen entwurzelten Bäume kehren ihre Wurzeln dem Sturm zu, die Spitze liegt ihm abgewandt.

Die Gewalt des Sturmes nimmt auf den Höhen und zumal in dem oberen Teil des Taleinschnittes ganz bedeutend an Druck zu. Die Gewalt des Windes durchdringt hier stehende noch so feste Holzbauten leicht, wenn nicht besondere Vorsichtmaßregeln angewandt werden.

Bei dem Aussuchen der Bauplätze und besonders bei der Konstruktion der Seitenwände ist hierauf Rücksicht zu nehmen. Auf letzteres wird später einzugehen sein. Bei ungünstiger Platzwahl können vor den Unterkünften einzelstehende Bäume auf dieselben geworfen werden und sie beschädigen. Fensterscheiben werden durch den Wind eingedrückt usw.

Wenn eine Truppe ihre ersten notdürftigen Unterkünfte schafft zu einer Zeit, wo sie über ihren eventl. dauernden oder längeren Verbleib nicht im klaren ist, wird naturgemäß für eine eingehende Prüfung des günstigsten Bauplatzes wenig Zeit bleiben. Da gilt es schnell ein Unterkommen schaffen; wie das zweckmäßig ohne Zeltbau geschieht, werden wir weiter unten besprechen. Immerhin müssen schon hierbei die erwähnten Gesichtspunkte Berücksichtigung finden.

Unterkünfte für längeres Verweilen sind sorgfältig vorzubereiten; oftmals wird es sich empfehlen, den Bauplatz von der ersten Unterkunft entfernt anzulegen. Für diese Bauten ist planmäßiges und großzügiges Arbeiten von vornherein dringend geboten.

Den Schäden und Unannehmlichkeiten der Stürme entgeht man, wenn die Wohnhäuser auf den seitlichen Hängen der Täler errichtet werden. Unbedenklich kann hier vor und hinter dem zu errichtenden Hause der Wald durch Abholzen stark gelichtet werden, um einerseits frischer Luft und dem Licht Zutritt zu verschaffen, andererseits Deckung gegen Fliegersicht zu lassen. Seitlicher dichter Wald schützt sehr gegen Wind. Von vornherein muß der Bauplatz so gewählt werden, daß er vergrößert werden kann. Je länger die Truppe in einem Hause wohnt, umsomehr steigern sich die Ansprüche. Dem muß Rechnung getragen werden. Vergrößerungen durch Anbau und Neubauten müssen vorgenommen werden können. Seitlich, ober- und unterhalb des ersten Baugrundes muß Platz sein. Möglichst sind also kleinere oder größere natürliche Treppenstufen der Abhänge auszusuchen.

Der Anbau im Tale selbst ist zwar meist bequemer, doch muß die Hochwassergrenze berücksichtigt werden, auch ist zu bedenken, daß sich in der Nähe des Flußbettes die kalten Nebel früher sammeln, morgens länger halten. Auch ist hier die Verunreinigung der Flußläufe zu befürchten.

Die Erleichterung des Nachschubs muß hinter diesen Gesichtspunkten zurücktreten!

Günstige Sonnenbestrahlung ist für die Wahl des Bauplatzes wichtiger als die bequeme Nähe von Quellen. Sie macht die Unterkünfte wohnlich und warm, wirkt dabei günstig auf Leib und Seele. Die Sonnenstrahlen sind das beste Desinfektionsmittel; können sie in einen Raum eindringen, so ist er niemals dumpfig und feucht. „Günstig" ist die Vormittags- und Mittagssonne, sie ist angenehm warm. Die Nachmittagssonne ist schwül, vor allem im Sommer. Die Strahlen der im Sommer hochstehenden Sonne dringen durch die Fenster im stumpfen Winkel ein. Einem Übermaß von Strahlenenergie ist damit vorgebeugt.

Im Winter dagegen ist der Einfallswinkel spitz, die Strahlen dringen weit in das Innere des Zimmers hinein. In das tiefe Innere des Raumes dringt dann die frühe Sonne des Sommers und die ganze Wintersonne. Die heiße Mittags-Sommersonne strahlt meist auf Dach und Wand und nur in den vorderen Teil des Raumes.

Die Unterkunft muß daher auf dem nach Osten oder Süden abfallenden Abhang gebaut werden. Die nach Westen abfallenden Hänge sind im Winter kalt, da mit Ausnahme der matten Abendsonne zu wenig Sonne sie bestrahlt, im Sommer unhygienisch, da die tiefstehende Abendsonne weit in die Schlafräume eindringt und sie überhitzt. Die nördlichen Abhänge sind kalt und ohne ausreichende Sonne. (Vgl. Abb. 2.)

Nach dem oben besprochenen wären die durch ein Kreuz gekennzeichneten Plätze folgendermaßen zu bezeichnen:

1: Schlecht für Wohnungen, gut für Magazine usw.,
2: ungünstig für Wohnungen,
3: zulässig für Wohnungen,
4: gut für Wohnungen.

Für die Wahl des Bauplatzes und für die später zu besprechende Bauart nebst seiner Inneneinrichtung sind diese hygienischen Gesichtspunkte maßgebend; sie verlangen die günstige Einwirkung der gesamten Unterkunft mit allen ihren Einzelheiten auf Gemüt und Körper. Andere Forderungen gelten für die Anlage von Magazinen, Schlächtereien usw. Wärme beschleunigt die Zersetzung der Nahrungsmittel. Derartige Anlagen sind dort zu bauen, wo wenig Sonne sie erreicht, also möglichst an nördlichen oder östlichen Abhängen. Der Baugrund muß unbedingt trocken, aber doch in der nächsten Nähe von einwandfreien und starken Quellen liegen und außerdem die leichte Abfuhr der meist reichlichen Abfallstoffe ermöglichen.

— 5 —

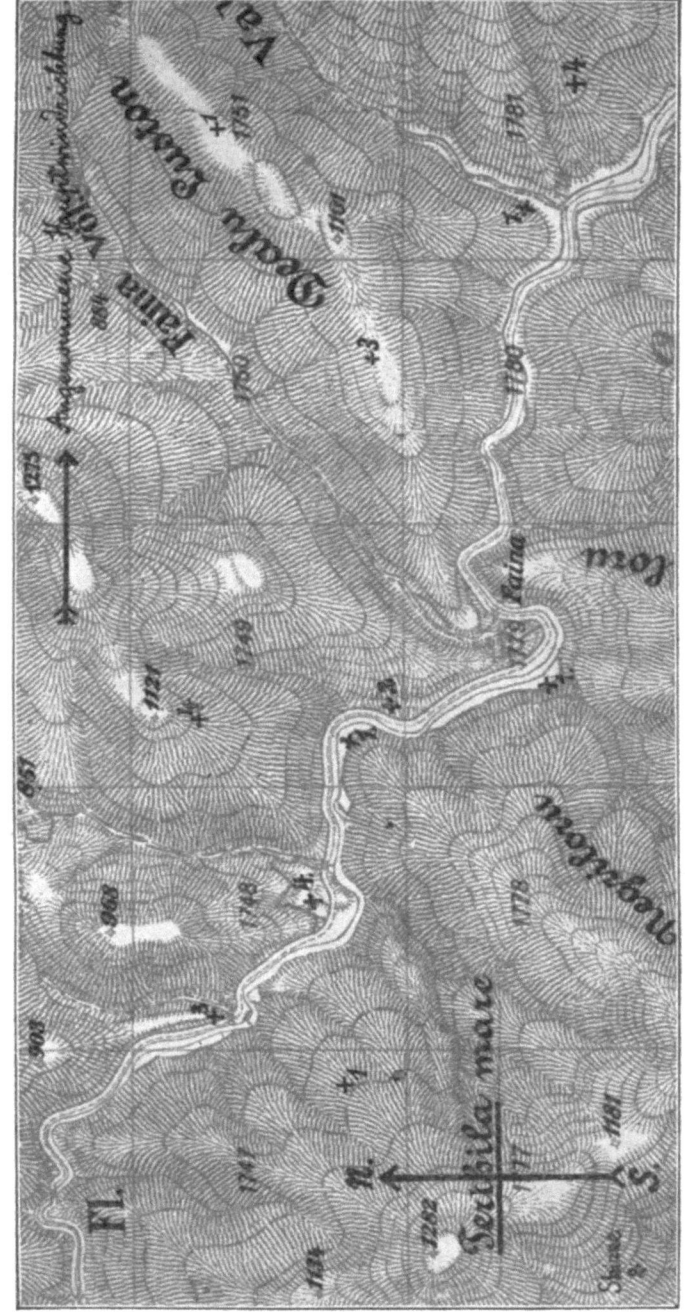

Abbildung 2.

Wenn Quellen in der Nähe der Wohnungen liegen, bedeutet das einen großen Vorteil, liegen sie weiter entfernt, weil der Bauplatz nach obigen Gesichtspunkten ausgewählt wurde, so muß das Trink- und Brauchwasser herangetragen werden. Die hierfür aufgewandte Mühe muß hinter den bauhygienischen Forderungen zurücktreten. Es empfiehlt sich aber unter diesen Umständen in der Nähe der Quelle eine Bade- und Waschanlage, wenn zunächst auch kleineren Stiles vorzusehen, sobald die notwendigeren Bauten vollendet sind. Wasser zum

Abbildung 3.

Baden und Waschen weit heranzutragen ist mühsam und nicht zu empfehlen. Es ist leichter eine halbe Stunde lang und weiter an eine Badeanstalt heranzugehen, als nur 10 Minuten weit das Wasser täglich zu tragen. Sparen mit Wasser, das sich hierbei von selbst ergibt, bedeutet eine weniger gründliche Vornahme der Reinigung!

Ist die Quelle am gleichen Hang wie das Haus, so ist letzteres seitlich unterhalb ihres Ursprungs zu errichten. Versickern von Schmutzwasser und Unrat verseucht den Quellauf unter der Erde. Es sind daher auch die Latrinen stets weit von den Quellen und unterhalb der Häuser anzulegen. Liegen die Quellen oberhalb der Häuser, so wird der Transport des Wassers zum Hause erleichtert, die Gefäße werden leer bergauf getragen.

Aus vorstehenden Erwägungen geht hervor, daß die Auswahl eines Bauplatzes mit Umsicht und nach sorgfältigen Beobachtungen erfolgen muß.

Der Baugrund ist zunächst zu ebnen. Ist die oberflächliche Erdschicht dick genug, so wird sie abgestochen.

Es entsteht eine breite Stufe.

Größere Mannschaftsunterkünfte werden in ihrer Längsrichtung stets parallel zur Bergwand stehen. Vor und hinter der Baracke soll ein mindestens 1 m breiter Gang bleiben; es ist eher zulässig den vorderen als den hinteren Pfad fortzulassen. Falsch ist es, für dauernde

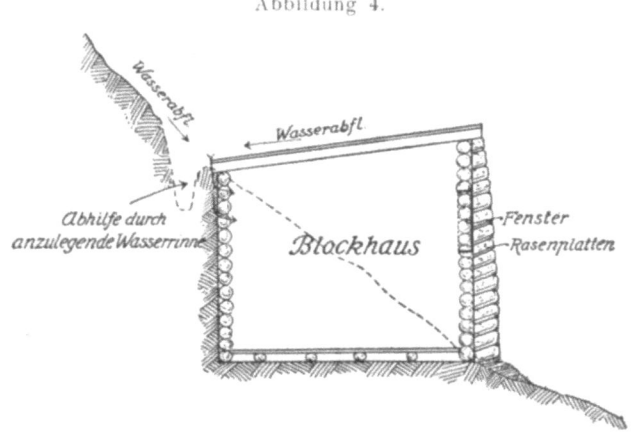

Abbildung 4.

Unterkünfte die Hinterwand direkt an den senkrecht abgestochenen Berg anzulehnen, oder gar das Haus in den Berg selbst hineinzulegen, wie es Abb. 3 zeigt.

Bei Schneeschmelze und Regen dringt das Wasser durch die Erde und Hauswand in die Baracke. Stets wird die Luft im Raum feucht und dumpf; und zwar um so eher, als ja im Gebirge meist aus grünem Holz gezimmert werden mußte.

Diese Fuchslöcher sind zwar schnell zu bauen und daher für vorübergehenden Aufenthalt im Bewegungs- oder beginnenden Stellungskriege zulässig. Für dauernden Aufenthalt indessen sind sie entschieden zu verwerfen, wenn nicht militärische Gründe dazu zwingen. Felsennester in vorderer Stellung lassen eine andere bessere Bauart manchmal nicht zu, dem Eindringen von Wasser ist hier durch Anlage von Entwässerungsgräben oberhalb und seitlich von den Bauten vorzubeugen. (Vgl. Abb. 4.)

In dem Gang hinter einem nun zu besprechenden hygienisch guten Hause muß ein Graben mit Gefälle gezogen werden, dessen Sohle tiefer liegt als der Fußboden. (Vgl. Abb. 5.)

Steiniger Untergrund wird oftmals das Schaffen einer Stufe von 6—8 m Breite sehr erschweren.

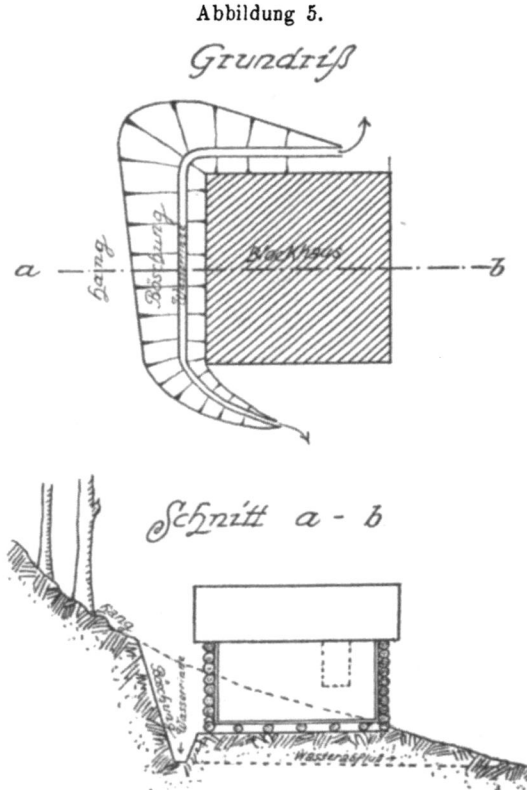

Abbildung 5.

Abbildung 6 zeigt eine Möglichkeit dies zu erleichtern.

Nach Art des Blockhauses (vgl. Abb.) werden parallel und senkrecht zur Bergwand Rundhölzer ineinander gefügt und in der Wand verankert. Auch können einige stärkere Baumstämme, die günstig stehen, in entsprechender Höhe abgesägt werden und als Stützen dienen, hinter ihnen werden kräftige Baumstämme gleichsam als Wand aufgeschichtet. Senkrecht zu ihnen werden dann nur einige Stämme in der Felswand verankert. Auf diesem Unterbau mit dreieckigem Schnitt beginnt erst der eigentliche Bau des Hauses. (Vgl. Abb. 7.)

Letztere Art der Vorbereitung des Baugrundes erfordert gutes Abdichten des Fußbodens, da ja meist Regen und Schneewasser unter dem Bau durchfließen werden und kalte, heftige Winde von unten eindringen können. Auch ist es nötig den Unterbau gut zu versteifen, um ein Einfallen des Hauses zu verhüten.

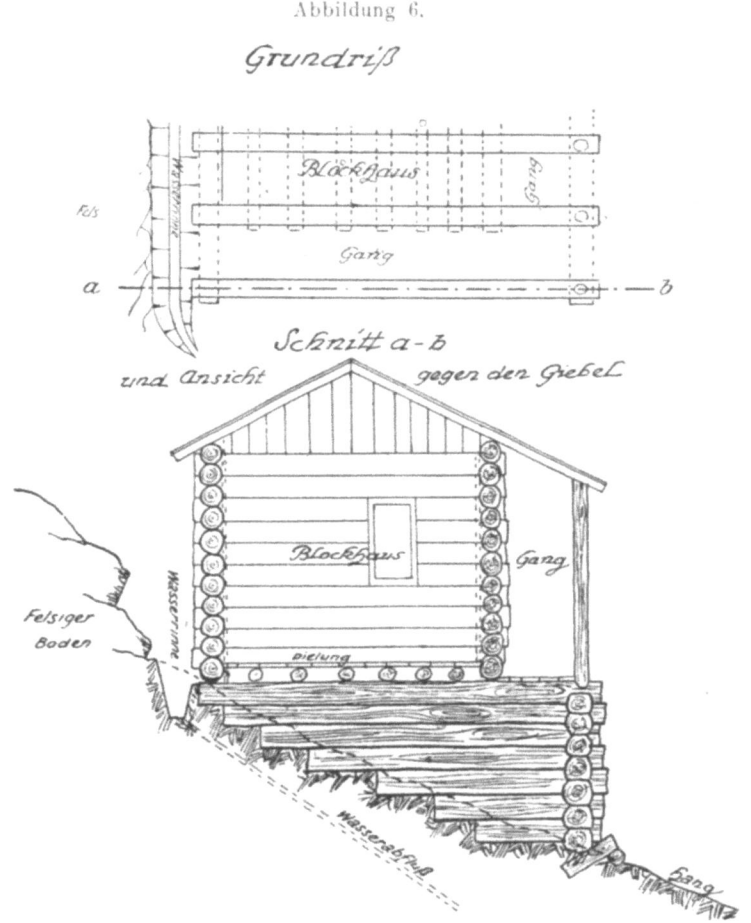

Abbildung 6.

Nicht minder sorgfältig ist der Bauplatz in den Tälern auszusuchen. Hier ist zunächst darauf zu achten, daß die Gebäude nicht im Überschwemmungsgebiet der Gebirgsbäche liegen. Wie weit die Flüsse im Frühjahr und bei Regen austreten, ist meist unschwer zu erkennen an den angeschwemmten Zweigen und an den bloßgewaschenen Kieseln. Unter allen Umständen ist möglichst dicht am Berghang zu bauen. Im Tale ist mehr noch als auf den Höhen darauf zu achten, daß die Gebäude Sonne bekommen. Die Sonnenstrahlung ist weniger intensiv; abends bilden sich kalte Nebel, die erst morgens durch die Sonne vertrieben werden.

Abbildung 7.

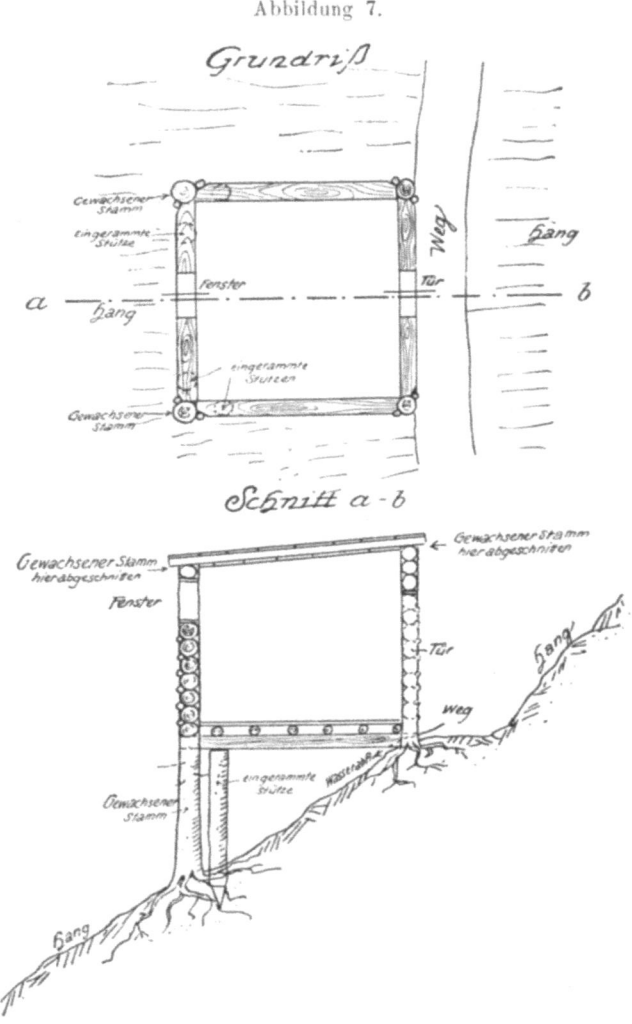

Die Anlage der Bauten erhellt aus Abb. 8.

Also auch hier niemals das Haus an die Bergwand anlehnen, und stets einen Graben hinter dem Hause ziehen, der das Bergwasser abführt.

In allen Bauten nach Abb. 4—8 muß der Fußboden aus einer mindestens doppelten Lage von Rundholz bestehen. Häuser ohne Holzfußboden sind für längeren Aufenthalt völlig unzulässig. Nasses Schuhzeug wird nie trocken, die feuchte Kälte von unten bewirkt Erkältungen und schafft Veranlagung zu rheumatischen Leiden.

Die untere Lage Rundholz dient gewissermaßen als Rost, über dem senkrecht zu seiner Richtung weitere Stämme eng aneinander gelegt werden. Unebenheiten sind durch Behauen des Holzes zu

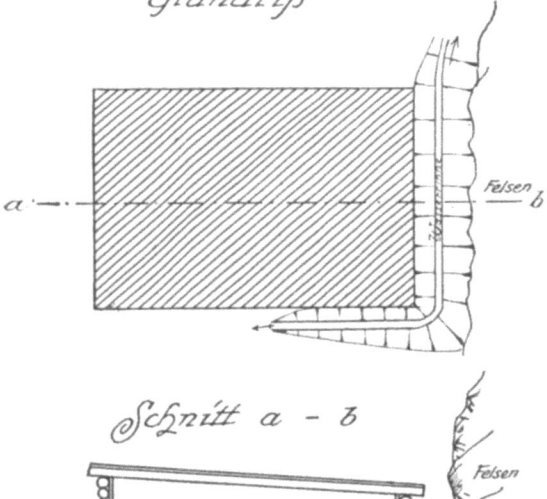

Abbildung 8.

beseitigen. Besser ist es noch, die für die obere Lage bestimmten Holzstämme in der Längsrichtung zu spalten und die so gewonnenen plan-konvexen Hölzer mit der flachen Seite nach oben aneinander zu legen.

Stehen Bretter zur Verfügung, so sind diese noch auf den wie oben beschriebenen Fußboden aufzunageln.

Gute Abdichtung des Fußbodens ist eine unerläßliche Forderung!

Die Größe der Baracke richtet sich nach der Zahl der Mannschaften. Im allgemeinen wird es sich empfehlen für etwa 2—3 Gruppen eine besondere Baracke zu bauen. Größere Bauten erfordern viel mehr als kleinere einen sachverständigen Bauleiter. Auch sind größere Räume schwerer zu heizen und meist weniger wohnlich.

Bei kleineren Bauten wird der Ehrgeiz der Mannschaften eher als bei größeren angeregt, ihre Unterkunft mehr und mehr zu verbessern und auszustatten.

Wichtiger ist aber die Tatsache, daß kleinere Unterkünfte die Bekämpfung von Seuchen erleichtern. Eine gründliche Desinfektion großer Baracken ist an einem Tage kaum einwandfrei durchführbar.

Abbildung 9.

Während dieser Zeit sind die Bewohner ohne Obdach. Notwendig werdende Absperrungen und Isolierungen von den Mannschaften, die mit Erkrankten in Berührung kamen, sind in großen Baracken schwer zu erreichen. Das alles wird durch kleinere Häuser wesentlich erleichtert.

Es darf indessen nicht verkannt werden, daß auch größere Bauten ihre Vorteile haben können. Sie erleichtern einmal die Bewachung und daneben dem Truppenführer die Übersicht.

Abb. 9 zeigt eine solche ausgezeichnete große Mannschaftsunterkunft. Auf Bauart und Inneneinrichtung werden wir später noch zu sprechen kommen.

Die einzelne Baracke besteht aus einem kleineren Vorraum und dem größeren Mannschaftszimmer. Selbstverständlich wird zunächst letzteres errichtet, um überhaupt eine Unterkunft zu schaffen. Der Vorraum ist aber von vornherein vorzusehen und sobald als möglich anzubauen.

Überhaupt gelte als Grundsatz für den ganzen Bau:

Erst das Notwendigste und Wichtigste errichten, dies aber großzügig nach einem wohldurchdachten Plan anlegen und stets durch fleißige Arbeit verbessern.

Der Eingang zum Vorraum liegt günstig, wenn er nicht dem Tal und nicht der Hauptwindrichtung zugekehrt ist.

Die Tür zum eigentlichen Mannschaftsraum steht ersterer nicht direkt gegenüber, am besten rechtwinklich zu ihr. Schutz vor Kälte und Zugluft — der Zweck des Vorraums — wird dadurch erhöht. Möglichst ist er mit einem Ofen auszustatten. Er kann dann zum Trocknen von Kleidern, von Holz usw., auch zum Kochen und Wärmen der Speisen Verwendung finden.

Hierbei entstehen Dämpfe und Feuchtigkeit, die möglichst dem Wohn- und Schlafraum fernzuhalten sind. Für den Vorraum ist daher auch ein Fenster oder doch wenigstens eine Luftklappe (verschließbar) vorzusehen.

Der Grundriß zu Abb. 5—8 würde in einfachster Form also folgende Gestalt haben.

Abbildung 10.

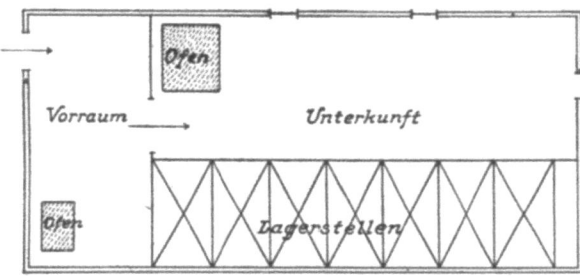

Durch den Vorraum läst sich indessen auch leicht dem Hause eine gefälligere Form geben, wenn er balkonartig vor die Vorderfront des Hauses gestellt wird.

Die Türen stehen am besten rechtwinklig — nicht parallel — zueinander. Die Tür des Vorbaues befindet sich der Hauptwindrichtung abgewandt. Vgl. Abb. 11.

Zum Bau der Seitenwände eignet sich Rundholz, richtig angewandt, ausgezeichnet.

Abbildung 11.

Zu verwerfen ist ein durch folgende Abbildungen wiedergegebener Bauversuch.

Abbildung 12.
Unzweckmäßige Bauart eines Blockhauses,
dargestellt an einer Hausecke.
Die infolge der Unregelmäßigkeit der Stämme entstehenden Ritzen R und Lücken L lassen sich schwer abdichten und begünstigen das Eindringen von Feuchtigkeit und Zugluft.

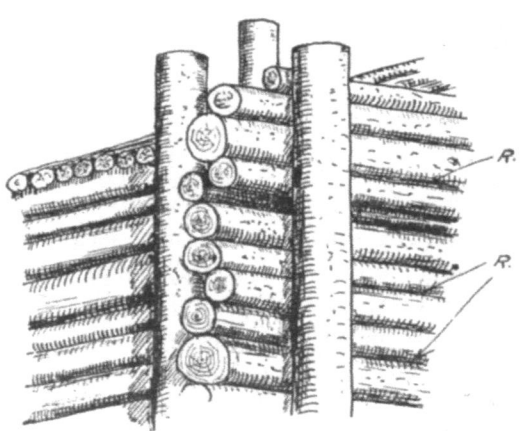

Ansicht.

Zu Abbildung 12.

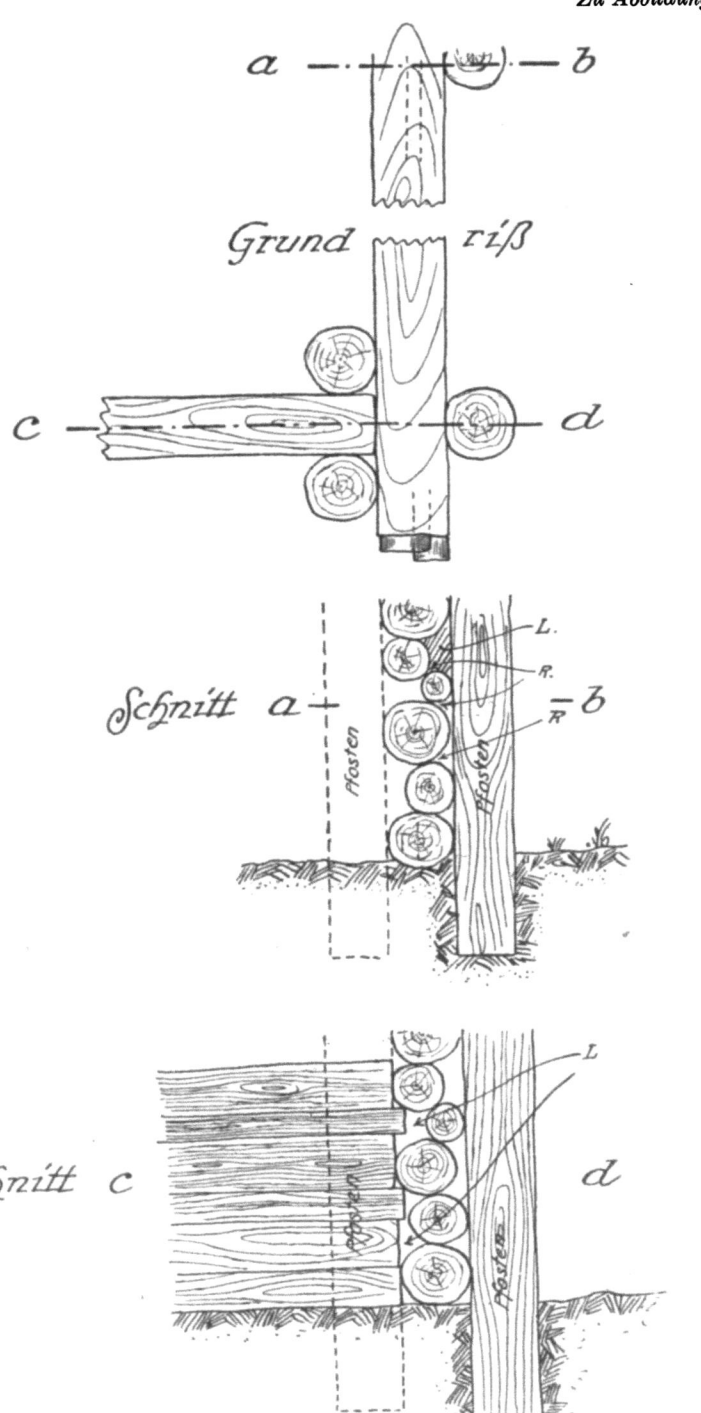

An der Hausecke sind drei Stämme, den Ecken eines Dreieckes entsprechend, senkrecht in die Erde gestellt; zwischen ihnen können die Seitenwände nur lose festgehalten werden. Die einzelnen horizontalen Stämme werfen sich und bilden dabei Lücken, die sich nur sehr schwer gegen Kälte und Zugluft abdichten lassen. Vgl. Abb. 12.

Abbildung 13.

Falsch ist es auch lebende Bäume als Eckpfeiler zu verwenden. Jede stärkere Luftbewegung machen selbst starke Baumstämme mit und erschüttern dadurch das Gebäude. Abdichtungen fallen aus den Fugen, ja das ganze Haus kann einstürzen, wenn z. B. der Giebel des Baues an einen Baum gelehnt ist. Vgl. Abb. 13 und 14.

Werden lebende Bäume als Pfeiler verwandt, so müssen sie oberhalb des Hauses abgesägt werden. Vgl. Abb. 7.

Die Häuser lassen sich mit und ohne Pfeiler bauen. Wir besprechen zunächst erstere Art.

Die Pfeiler sind mindestens 40 cm tief in die Erde einzulassen, rechtwinklich zu einander und senkrecht fest einzustampfen.

In Abb. 15 nebst zugehöriger Abb. 16 ist der aus Rundholz bestehende Pfeiler an zwei Flächen durch Behauen geebnet. Die horizontal liegenden Stämme sind an den Enden zungenförmig abgesetzt

Abbildung 14.

und greifen mit diesen ebenen Flächen über den Pfeiler, wobei die horizontalen Stämme einer Wand die kürzeren senkrecht zu ihr stehenden der anderen decken. Beide Wände sind am Pfeiler mit starken Nägeln festzunageln. Diese Bauten sind relativ einfach auszuführen und sehen dabei gefällig aus, erfordern aber saubere Arbeit, besonders beim Absägen und Ebnen der Enden. Falls kräftige Nägel vorhanden sind, werden die Häuser fest und dauerhaft.

Bequemer ist eine Bauart, die an den Rundholzeckpfeilern durch Aufnageln dünner Stämme Fugen schafft, in die angespitzte Baumstämme eingelegt werden.

Abbildung 15.

Abbildung 16.

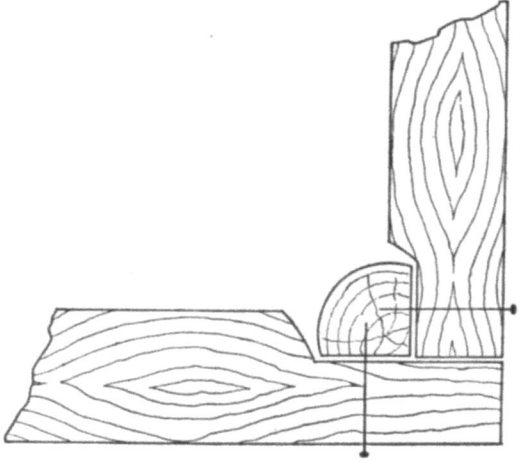

Abbildung 17.

Abbildung 18.

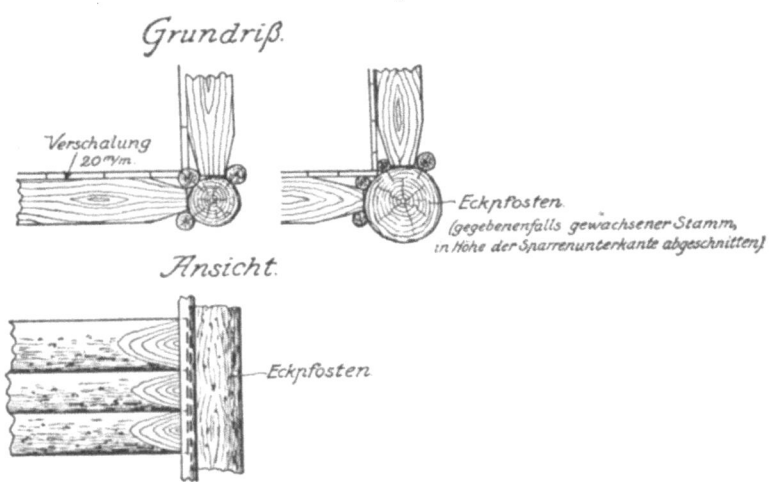

Abbildung 19.

Abbildung 20.

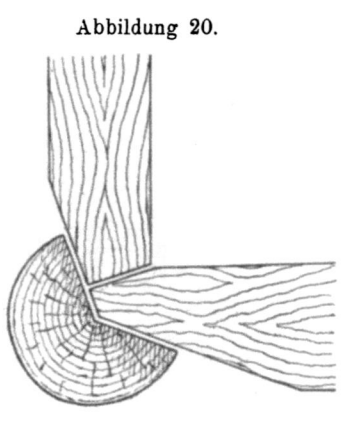

Abbildung 21.

Die Nagelung letzterer erfolgt dann vom horizontalen zum senkrechten Rundholz in schräger Richtung. (Abb. 17 und 18.)

Umständlicher und etwas schwieriger ist eine Bauart (Abb. 19 und 20), bei der aus dem Pfeiler ein stumpfwinklicher Ausschnitt geschlagen wird. Die horizontal liegenden Stämme müssen, wie im

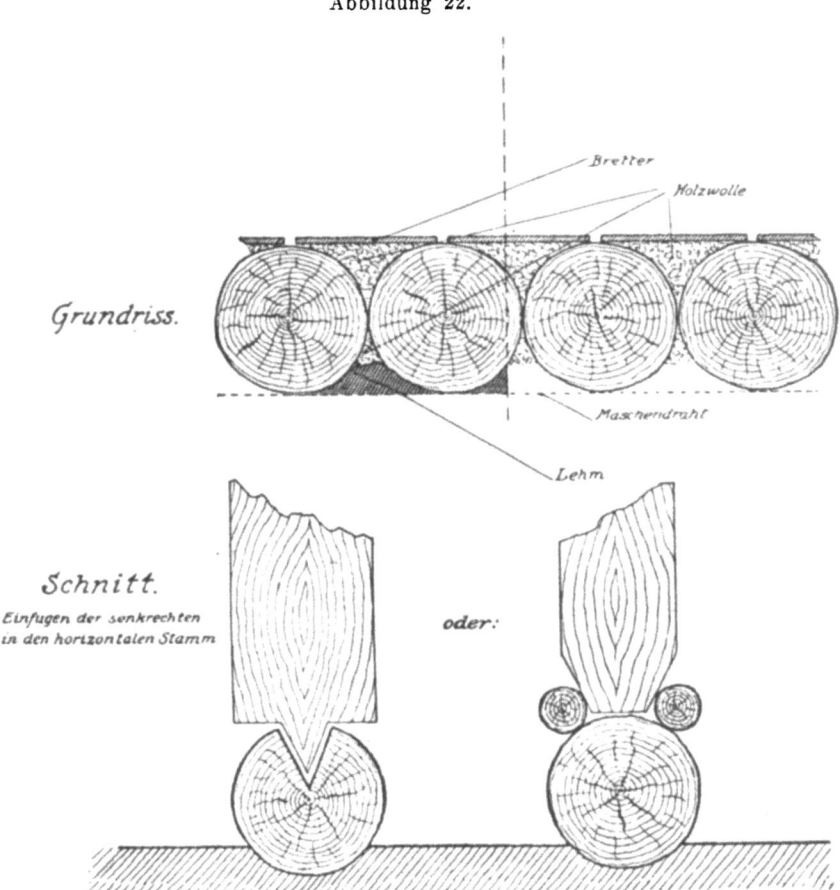

Abbildung 22.

schematischen Grundriß ersichtlich, angespitzt und einander angepaßt werden. Die Wandhölzer sind an dem Pfeiler anzunageln.

Sehr beliebt und einfach ist auch eine Bauart, bei der die Seitenwände aus senkrecht gestellten Baumstämmen besteht. (Abb. 21, 22.)

Nachdem das Gerüst des Hauses errichtet ist, werden die zugeschnittenen Stämme zwischen den unteren und oberen wagerechten Führungsbalken gestellt und dort vernagelt. Von Vorteil ist hierbei auch nach Art von Abb. 17, 18 Fugen zu schaffen, in denen wie dort angespitzte Stämme gehalten werden.

Die untere Führungsleiste kann auch durch einen Graben ersetzt werden, in den die Stämme zu stellen sind. Durch Einstampfen von Steinen und Holzabfällen unter die senkrechten Stämme lassen sich diese der oberen Fette eng anpressen.

Abbildung 23.

Zwei dünne Stämme in einen dicken verankert.

Ohne Pfeiler und am einfachsten ist zweifellos der Bau von landesüblichen Blockhäusern, bei denen die Rundhölzer etwa 20 cm weit vom Ende einfach oder doppelt ausgekerbt werden. Die äußere Wirkung ist beidemal die gleiche. Einmal liegt die konvexe Oberfläche des Stammes in einer ihr durch Ausschlagen angepaßten Kerbe oder aber an beiden Stämmen sind Kerben eingeschlagen, die ineinander einpassen. Bei Verwendung verschieden dicker Baumstämme lassen sich auch beide Methoden vereinigen.

Die Einzelheiten sind aus folgenden Abb. 23, 24, 25, 26 ohne weiteres ersichtlich.

Es sei noch darauf hingewiesen, daß die Seitenwände sich ohne jede Nagelung gut halten; die Blockhäuser sind außerordentlich stabil; sollen zweistöckige große Bauten ausgeführt werden, so ist es ratsam, das Erdgeschoß nach dieser Methode herzustellen. Wird das Ober-

Abbildung 24.

Wassergraben hinter dem Blockhaus durch Schatten undeutlich zu sehen.
Haustür durch benachbartes Gebäude gegen Wind geschützt.

geschoß nach einer der übrigen Arten gebaut, so erreicht man durch diesen Wechsel des Stils ein gefälliges und abwechslungsreiches Bild.

In der Photographie Nr. 9 ist eine derartige einwandfreie und architektonisch schöne Unterkunft wiedergegeben. Aus ihr ist gleichzeitig die Bauart der Streben und Stützen des Obergeschosses nebst der Methode der Seitenverschalung zu ersehen. Die Schrägstreben sind nach Art von Abb. 17, 18 mit Nuten versehen, in die die angespitzten horizontalen Stämme eingepreßt sind.

Abbildung 25.

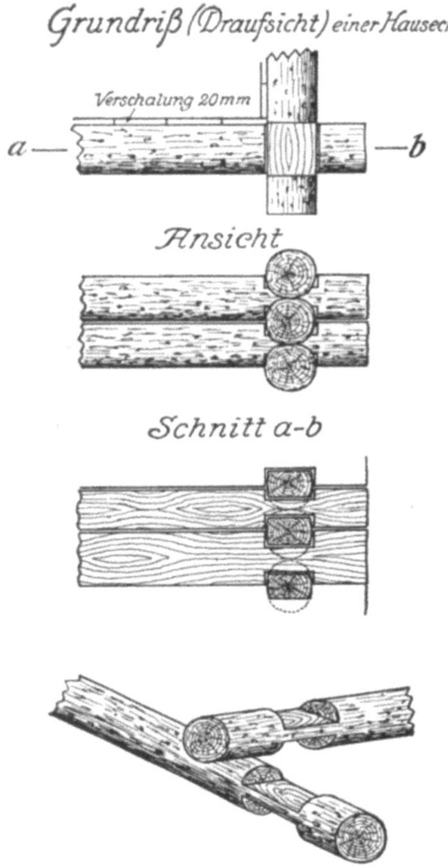

Abbildung 26.

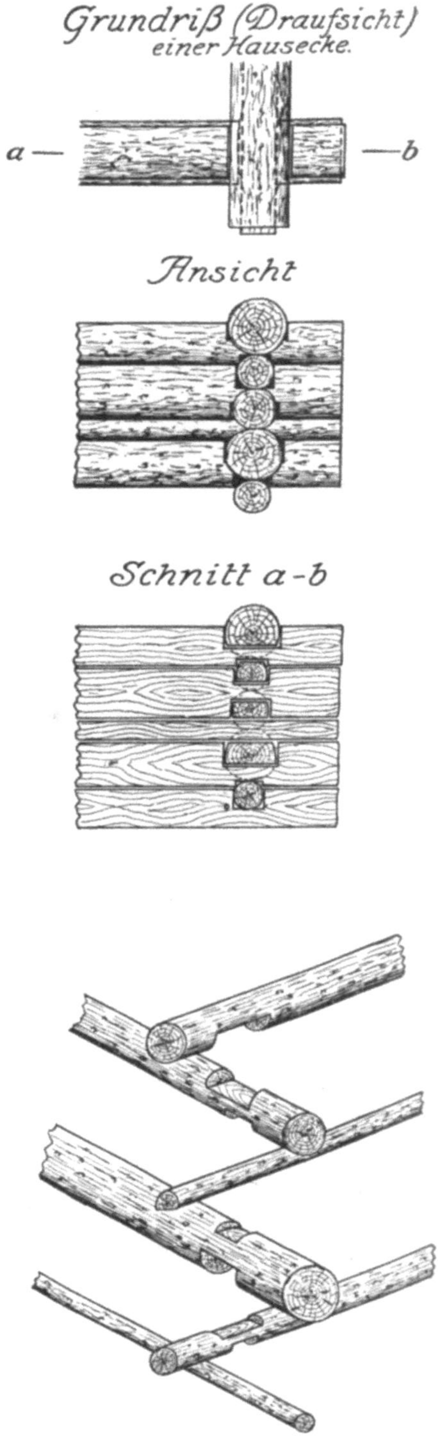

Abbildung 25: Blockhausbau mit eingezapften Rundstämmen (annähernd gleichmässig starke Stämme).

Abbildung 26: Blockhausbau aus ungleichmäßig dicken Stämmen.

Ein weiterer Vorteil der Blockhäuser ist der, daß einer von den unteren horizontal liegenden Stämmen der Seitenwände gleichzeitig als Stütze des Fußbodens benutzt werden konnte. Vgl. Abb. 27.

Es kann nicht Zweck dieser Zeilen sein, alle Bauarten ausführlich zu besprechen und zu erwähnen. Wichtiger ist die Frage: Welche der kurz skizzierten Bauarten sind die besten?

Hygienisch einwandfrei sind mit Ausnahme der durch Abb. 3, 12, 13 und 14 sämtliche besprochene Methoden.

Abbildung 27.

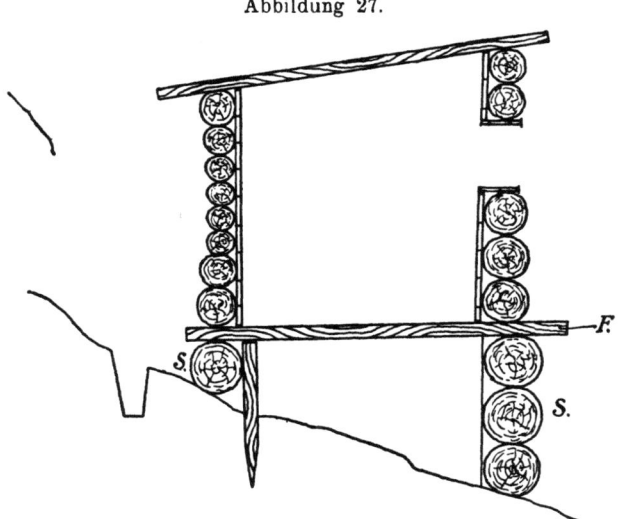

Schnitt $a-b$ (Abb. 5) durch ein Blockhaus auf nicht geebnetem Baugrund. Der aus Rundholz bestehende Fußboden F ruht auf den unteren horizontalen Lagen der Seitenwände S und S_1.

Bei Mangel an Nägeln, wie er zu Beginn der Bauten, wo viele hunderte gleichzeitig entstehen sollten, leicht eintreten kann, ist der Bau der zuletzt beschriebenen landesüblichen Blockhäuser am meisten anzuraten. Ohne besondere Hilfsmittel mit Beil und Säge lassen sie sich stets **schneller** als die übrigen bauen. Für die einzelnen Häuser ist jedesmal die ganze Länge des Baumes als Längswand auszunutzen.

Von etwa 10 Mann kann in wenigen Tagen ein Haus für 20 bis 30 Soldaten gebaut werden.

Größere Bauten, Stallungen usw. machen es erforderlich, daß mehrere Stämme in der Längsrichtung aneinandergefügt werden. Das ist umständlich, da die verschieden dicken Stämme einander sorgfältig angepaßt werden müssen. Die Festigkeit des Gebäudes kann dadurch leiden.

Es empfiehlt sich daher für diese Bauten entweder die Stämme der Seitenwände senkrecht zu stellen (vgl. Abb. 22) oder aber die großen Wandflächen durch etwa 3 m von einanderstehende senkrechte Pfeiler in einzelne Felder zu teilen. Diese wären dann mit dünneren Rundhölzern zu benageln, die Fugen zum Einpassen von Stämmen nach Art von Abbildung 17, 18 schaffen.

Die in den Abb. 19, 20 und 23, 24 wiedergegebenen Bauarten sind weniger zu empfehlen, wenn auch nicht zu beanstanden.

Ein Teil der soeben kurz besprochenen Abbildungen lenkt bereits die Aufmerksamkeit auf die Abdichtung der Fugen zwischen den einzelnen Rundhölzern. Nicht ausreichend ist diese Frage in den Abb. 23 und 27 gelöst:

Die Fugen sind lediglich mit Holzwolle oder Moos verstopft. Dieses Füllmaterial kann durch Regen und Sturm gelockert werden. Einen wesentlichen Fortschritt zeigt bereits Abb. 15.

Das eingestopfte Material wird durch aufgenagelte dünne Baumstämme festgehalten, der Wärmeschutz infolgedessen erhöht.

Immerhin geht außerhalb des Waldes scharfer Sturm noch durch die Fugen hindurch. Am glücklichsten ist die durch Abb. 21 u. 22 wiedergegebene Bauart. Die Fugen sind mit Moos oder Holzwolle dicht verstopft. Über die Stämme ist Maschendraht genagelt und der Raum zwischen letzterem, den Stämmen und der Holzwolle mit Lehm verstrichen. Die Abbildung zeigt noch den K. u. K. Sapeur an der Arbeit; der Maschendraht ist durch den Lehm und auch dort, wo das Verstreichen noch nicht stattfand, gut zu erkennen.

Lehm war im Gebirge reichlich vorhanden. Im Winter wird er mit heißem Wasser in einem Eimer angesetzt. Durch das Austrocknen anfangs sich bildende Fugen werden des öfteren wieder verstrichen. Weitere Einzelheiten zeigt auch der skizzierte Grundriß dieser vorzüglichen Bauart.

Sie bietet im reichsten Maße Schutz gegen Zugluft und Kälte.

Nicht unerwähnt bleiben darf das Verkleiden der Bauten mit Schindeln. Sie verleihen den Häusern ein gefälligeres Aussehen. Zweckmäßig beginnt man mit der Schindelbenagelung unten und füllt zwischen die bleibenden Lücken Erde oder trockenen Lehm. Sehr zu empfehlen sind auch die Schindeln zum Bekleiden der Innenwände. Sie hemmen die Zugluft, halten infolgedessen warm und geben durch ihre helle Farbe dem Raume Licht, selbst bei kleinen Fenstern.

Die Schindeln können von den Truppen leicht selbst geschlagen werden. Da, wo frisches Rundholz vorhanden ist, können von 3 bis

4 Mann bei einiger Übung täglich 1000 Schindeln, das heißt, etwa 75 qm geschlagen werden.

Zur Bedeckung des Hauses sollte, wenn irgend möglich, stets ein doppeltes Dach gebaut werden. Das untere sei leicht einseitig geneigt.

Es wird aus mittleren Rundhölzern eng gelegt und zunächst auf seiner oberen Fläche mit Holzwolle oder Moos ausgestopft. Letzteres wird mit dünnen Ästen festgenagelt, ähnlich wie Abb. 15 von einer Seitenwand zeigt. Über die Abdichtung wird Dachpappe gelegt; fehlt diese, so kann auch zweckmäßig Lehm verwandt werden.

Die Fugen auf der unteren Seite des Daches werden später ebenfalls mit Moos verstopft und dieses mit Ästen festgepreßt. Erst danach wird das Dach innen mit Brettern oder Schindeln verschalt. Zwischen letzteren und den Stämmen bleibende Fugen werden während des Verschalens mit Moos ausgefüllt.

Sorgfältiges Abdichten ist eine unerläßliche Forderung.

Die Wärme steigt in den Räumen stets nach oben; ist das Dach nicht sorgfältig verstopft, oder gar undicht, so verfliegt sie; der Fußboden wird nie warm!

Der Wärmeschutz wird durch das Doppeldach erhöht. Das obere soll einen Giebel tragen, oder einseitig stärker schräg geneigt sein, damit der Regen leicht abläuft und andererseits die Schneelast im Winter das Haus nicht eindrückt.

Das obere Dach besteht aus Rundhölzern, eng gelegt, und wird mit Schindeln gedeckt. Fehlen solche anfangs, so genügt es zunächst die Fugen wie beim unteren Dach sorgfältig abzudichten. Mit dem Belegen von Schindeln ist dann aber baldigst zu beginnen.

Dachpappe auf das obere Dach zu legen ist erst zulässig, wenn das untere damit bedeckt ist und Schindeln nicht hergestellt werden können.

Die Fenster der Baracke sind so anzulegen, daß sie vom Winde nicht eingedrückt werden. Eventl. sind Windschutzklappen baldigst vorzusehen.

Bei richtiger Anlage des Bauplatzes ist das kaum zu befürchten, bei falscher kam es nicht selten vor. Ehe Fensterglas nachgeführt werden konnte, halfen sich die Truppen durch Einsetzen von leeren Flaschen aus hellem Glas in die Wandausschnitte. Dieser Behelf ist recht zu empfehlen.

Sehr bewährt haben sich von der Korpsintendantur eingeführte „Einheitsfenster", vgl. Abb. 11 und 17, d. h. einheitliche Rahmen fertig zum Einsetzen der Glasscheiben von der Größe 30:50 cm. Die Fenster dienen auch zur Lüftung der Unterkunft, sie sind daher möglichst an zwei gegenüberliegenden Seiten einzubauen und zum Öffnen einzurichten.

Als Wärmeschutz können Fensterklappen vorgesehen werden.

Bei der Innenausstattung der Unterkünfte wird vielfach ein grundsätzlicher Fehler in der Aufstellung bezw. im Bau der Öfen gemacht. Gern wird er weit ab von der Tür in dem hinteren Teil des Raumes aufgestellt. Das ist falsch. Er muß in der Nähe der Tür und an der dem Tale zugekehrten Wand des Raumes stehen. Von diesen beiden Seiten kommt kalte Luft, die erwärmt werden muß. Streicht sie am Ofen- und Schlot vorbei, so dringt warme, wohltuende Luft in die niemals überheizten Räume. Steht der Ofen in einer hinteren Ecke, so ist um ihn herum starke Hitze und strahlende Wärme, die den Körper einseitig überwärmt. Der vordere Teil des Raumes ist kalt. Nicht so, wenn die Heizung nahe der Tür ist.

Ein Mehrverbrauch an Heizmaterial ist bei dieser Aufstellung nicht zu befürchten; im Gegenteil, es wird sparsamer damit umgegangen.

In Abb. 10 ist der richtige Aufstellungsplatz des Ofens ersichtlich. Sollte durch die Tür des Vorraumes scharfer kalter Wind eindringen, und die Zwischenwand passieren, so stößt er auf die Heizungsanlage und wird dadurch gemildert.

Der Schlot darf nicht senkrecht aus dem Ofen nach oben gehen, sondern muß möglichst lang durch den Raum geführt werden. Er heizt oft mehr als der eigentliche Ofen.

Eiserne Öfen (Schützengraben-, Schwarm-, Irische Öfen) sollen eingemauert werden. Sie wärmen gleichmäßiger und geben weniger strahlende Hitze. An Stelle von Ziegelsteinen können Bruchsteine genommen werden, die mit Lehm zu verschmieren sind. Auch empfiehlt es sich, das Mauerwerk durch Maschendraht zu halten. Vgl. Abb. 28 und 29. Die Rauchgase müssen schlangenförmig durch den Ofen geführt werden. Diese Rauchkanäle müssen reichlich weit sein, um dem bei Verfeuerung von grünem Holz sich reichlich bildenden Dampf Raum zum Ableiten zu bieten.

Eiserne Ofenrohre müssen mindestens einen Durchmesser von 12—15 cm haben. Engere Rohre eignen sich meist nur für Holzkohlenfeuerung!

Sehr zweckmäßig werden in das Mauerwerk des Ofens größere Eisenteile z. B. Ausbläser so eingesetzt, daß sie die Feuerstellen selbst berühren. Das Eisen leitet die Wärme gut und teilt sie in erhöhtem

Maße den Steinen mit. Räume, die durch nicht vermauerte Öfen beheizt werden, sind während des Heizens überwärmt, nach dem Erlöschen des Feuers kalt.

Abbildung 28.

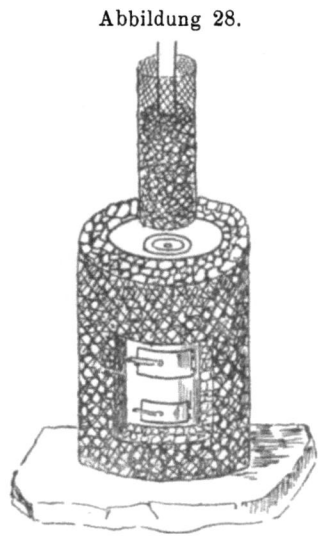

Runder Schützengrabenofen mit Maschendraht und Steinfüllung umgeben.

Abbildung 29.

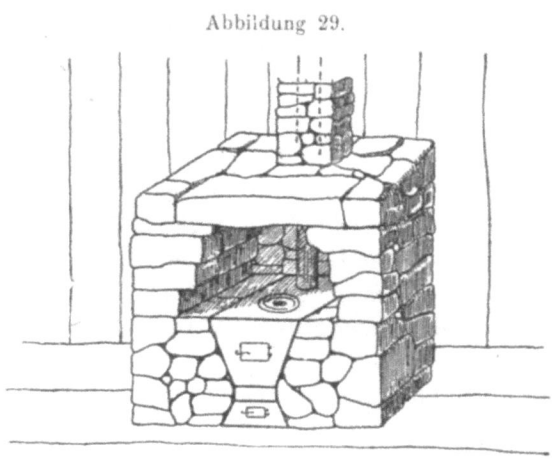

Schwarmofen mit Steinmauerung als Herd ausgebaut.

Gemauerte Öfen, richtige Bauart vorausgesetzt, speichern die Wärme auf und geben sie langsam und gleichmäßig ab, sie halten auch nachts die Räume warm.

Die Wandungen der gemauerten Öfen müssen mindestens 10 bis 15 cm von den Holzwänden entfernt sein, nicht verkleidete eiserne Öfen etwa 40 cm. Die Feuersgefahr in allen Holzbauten ist sehr groß. Der richtige Abstand der Öfen und Kamine von den Holzwänden ist zu kontrollieren. Eisenblech als Feuerschutz soll nicht direkt an die Wand genagelt werden; zwischen beiden ist ein Luftraum von etwa 5 cm Stärke zu lassen. Die Ofenrohre müssen da, wo sie durch Wand oder Dach geführt sind, mindestens 15 cm vom Holz entfernt bleiben. Loch mit Blech abdecken! Ofenrohr ca. 30 bis 50 cm weit nach außen führen!

Eine diesbezügliche Verfügung hatte folgenden Wortlaut:

„Um die Entstehung eines Brandes selbst im Falle der Überheizung der Öfen, unmöglich zu machen, wurde angeordnet. (A. K. Q. Abt. 437/III.)

Kein Holzkonstruktionsteil darf an einen Heizkörper oder ein Rauchrohr anschließen oder auch nur in der Nähe vorbeiführen.

Ein unmittelbar an der Holzwand angebrachter Blechbeschlag bietet keinen Schutz, da das Blech durch die Wärme des Heizkörpers oder Rauchrohres erhitzt, die hinter dem Blech befindliche Holzwand erfahrungsgemäß leicht in Brand setzt.

Holzwände in der Nähe von Heizkörpern sind auf eine, den Durchmesser des Heizkörpers mindestens um das Doppelte übersteigende Breite und auf eine, die Größe des Heizkörpers um ca. 50 cm übersteigende Höhe mit Ziegeln auszumauern. Holzteile dürfen sich innerhalb der Ziegelausmauerung keine befinden.

Für den Rauchabzug sind am besten gemauerte Rauchfänge anzuordnen.

Wo eiserne Rauchröhren bestehen, müssen sie wenigstens 50 cm von der Holzwand abstehen. In diesem Falle ist die Holzwand durch Blechstreifen auf die Mindestbreite des doppelten Rauchrohrdurchmessers gegen das Anbrennen zu schützen. Der Blechstreifen darf nicht unmittelbar an die Wand genagelt werden, sondern muß ca. 5 cm von dieser abstehen.

Durch den Luftraum zwischen Blech und Wand, muß die Luft ungehindert hindurchstreichen können. Dieser Zwischenraum darf daher auf keinen Fall ausgefüllt oder an den Seiten abgeschlossen werden.

Der Durchgang durch Holzwände und Decken ist nach nebenstehenden Abb. 30 und 31 zu bewirken.

Eine häufige Revision der Rauchabzüge ist notwendig und speziell darauf zu sehen, daß an keiner Stelle das Rauchrohr direkt an dem Futterrohr anliegt."

Das Fußende des Lagers ist um 10—12 cm tiefer als das Kopfende zu legen.

Tannenreisig als Unterlage ist ein guter Notbehelf. Es ist baldigst durch Strohsäcke mit Holzwollfüllung zu ersetzen. Lagerstellen ohne Strohsäcke sehen stets unordentlich aus und lassen sich schwer säubern, bezw. von Ungeziefer reinigen.

Für den Winter gebrauchen die Mannschaften mindestens 3 wollene Decken, um sich in gut gebauten Unterkünften gegen Kälte zu schützen. Sie sind anzuhalten, sich nachts Waffenröcke und Hosen auszuziehen und, falls es die militärische Lage erlaubt, im Vorraum aufzuhängen.

Abbildung 30.   Abbildung 31.

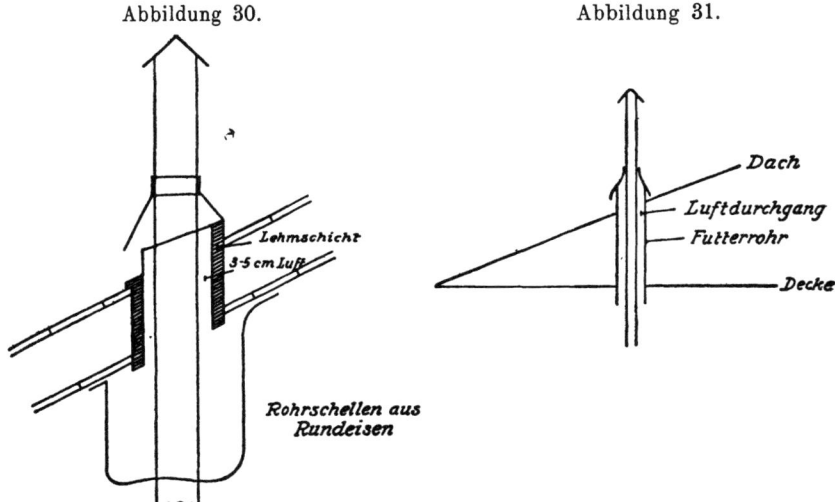

Die Kamine sind möglichst zu mauern, die eisernen Ofenrohre mit Stein und Lehm einzukleiden. Letztere können durch Maschendraht am Rohr gehalten werden.

Zur Frage der Inneneinrichtung bedürfen noch die Lagerstellen der Erwähnung. Sie werden zweckmäßig in zwei Stockwerken übereinander angelegt. Die untere soll etwa 35 cm über dem hölzernen Fußboden sich befinden, die obere etwa 90 cm über der unteren. Zwischen oberer und Dach bleibe etwa 1 m. Die Gesamtinnenhöhe des Hauses würde darnach 2,25 m betragen. Wenn sonstige Gründe dafür sprechen, genügt auch eine Innenhöhe von 2 m. Der Abstand von Dach und oberer Lagerstelle ist dann zu verringern. Falsch ist es, die Entfernung des unteren Lagers vom Fußboden kleiner zu machen, oder gar die Mannschaften auf dem Fußboden schlafen zu lassen.

Die Lagerstellen werden am einfachsten und besten aus Maschendraht und Rundholz von etwa 8 cm Durchmesser gebaut.

Fehlt anfangs Maschendraht, so legt man dünnere Rundhölzer, der Länge nach, dicht nebeneinander; sobald als möglich sind dann Drahtlagerstellen nachträglich einzubauen.

Diese Forderung der Hygiene lenkt uns auf die Körperpflege der Mannschaften, deren Erfüllung mehr als jede andere von der steten Beaufsichtigung und Aufklärung durch die nächsten Vorgesetzten abhängt. Sie betrifft im Grunde die Frage des verständigen Abhärtens und des Schutzes gegen Kälte.

Selbstverständlich sollen die Mannschaften während der Nacht nicht frieren; im Gegenteil, ein warmes Lager ist die erste Grundbedingung für einen erquickenden Schlaf; bei scharfer Kälte kann deshalb durch die Wachen nachts mäßig geheizt werden. Die Kleider aber müssen nachts auslüften, das ist auch ein einfaches Mittel zur Verringerung des Ungeziefers.

Für Waschanlagen ist weitgehendst Sorge zu tragen; aus drei starken Brettern lassen sich leicht Waschtröge zimmern. Die Mannschaften müssen sich morgens nicht nur Hände und Gesicht, sondern möglichst oft auch den Oberkörper waschen können. Um Seife zu sparen, kann die Asche aus den mit Holz gefeuerten Öfen aufgekocht werden. Die in ihr enthaltene Pottasche (Kaliumkarbonat) macht das Wasser weicher. Es bestehen keine Bedenken, die Körperwaschungen in leicht angewärmtem Wasser vorzunehmen. Hände und Gesicht sollen aber kalt gewaschen werden.

Tagsüber können die Waschgelegenheiten zur Reinigung der Leibwäsche verwandt werden.

Neben den Waschanstalten sind außerdem Brausebäder und Entlausungsanstalten für mehrere Truppenteile gemeinsam vorzusehen.

Man wende nicht ein, diese Forderungen seien im Hochgebirge unerfüllbar. Tatsache ist, daß eine große Zahl der Kolonnen und auch der fechtenden Truppen unseres Korps schon während des ersten Stellungsbaues ausreichende Waschhäuser und selbst Entlausungsanstalten sich errichtet haben. Sie bedeuten eine Wohltat für die Truppe und sind für die Gesunderhaltung der Mannschaften von größtem Wert. Im ganzen hatte das Korps etwa 40 Anstalten in $3/4$ Jahren gebaut.

Für den Bau von Entlausungsanstalten galt folgendes Schema (Abb. 32).

Bei einigen Anstalten fand die Anordnung der Räume gewisse Änderungen. Die tägliche Leistungsfähigkeit der Anstalten richtet

Abbildung 32.

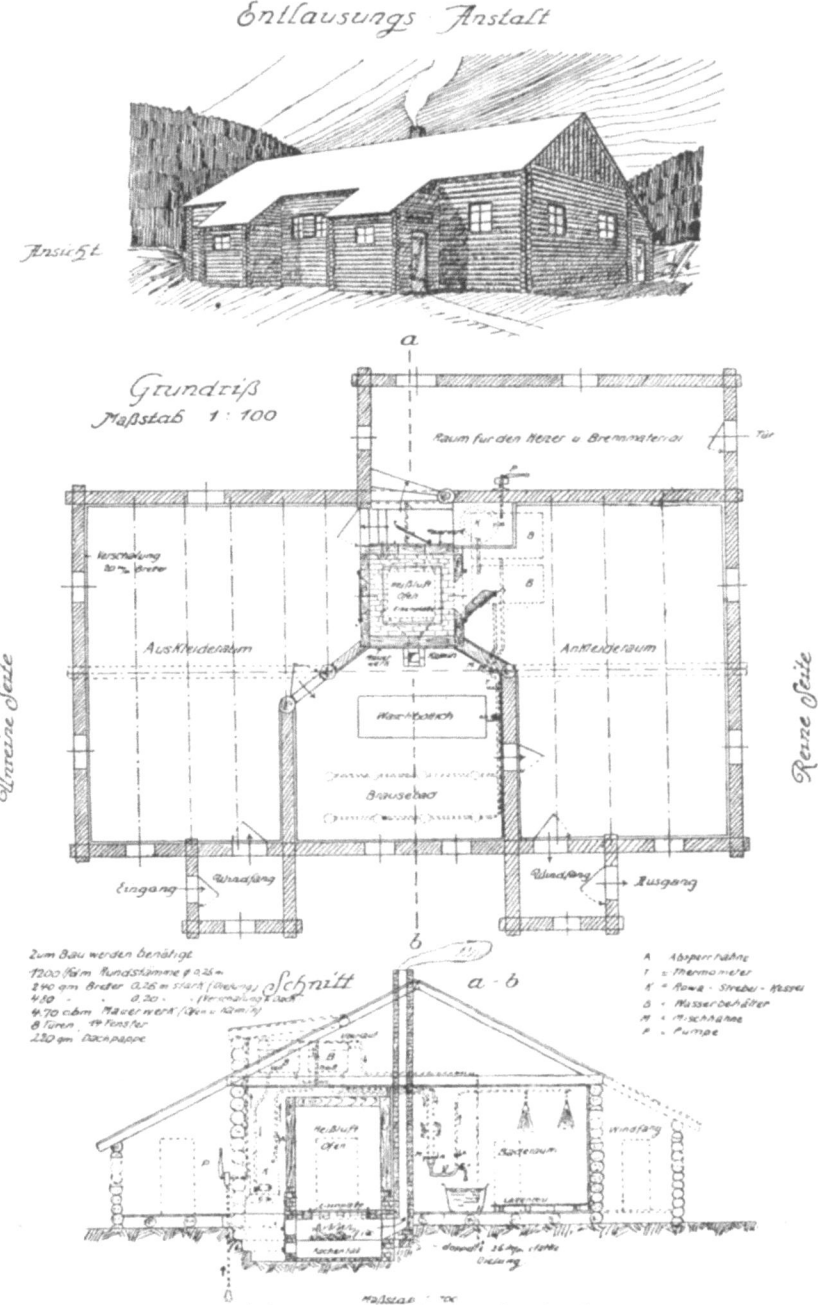

sich in erster Linie nach der Größe der Entlausungsöfen. Daß dieser im Vergleich zum Baderaum zu klein ausfällt, ist der Grundfehler vieler Sanierungsanlagen auf den verschiedensten Kriegsschauplätzen. Meist können 3—4 mal mehr Mannschaften baden als entlaust werden. Es ergeben sich daraus längere Wartezeiten für die gebadeten Soldaten.

Heißluftkästen, die mit einigen Ausnahmen im Korps zur Sanierung der Ausrüstung und Kleidung benutzt wurden, sollen ein Fassungsvermögen von mindestens 8 cbm haben. In diesen Öfen können etwa 20 vollständige Ausrüstungen in einer Stunde (einschließlich Be- und Entladen) entlaust werden. Dieser Zahl ist auch die Größe der anderen Räume anzupassen. Benötigt werden hierzu zwei „Österreich. Einheitsbäder", die uns bereitwilligst vom San.-Chef beim K. und K. . . . . . A. K. zur Verfügung gestellt wurden.

Für kleinere Anstalten mit einem dieser Bäder ist der Entlausungsofen möglichst in obiger Größe zu lassen. Es können in ihm bei feuchtem Wetter Kleider und Decken, auch frisch gewaschene Leibwäsche getrocknet werden. Decken von räudekranken Pferden sind in den gleichen Öfen zu entseuchen.

Die Heißluftöfen werden folgendermaßen gebaut:

In der Erde wird ein Feuerungsschacht von 1 m Breite und Tiefe ausgehoben. Der Raum zum Einsteigen zur Feuerung wird verbreitert und mit einer Treppe versehen. Der Feuerungsschacht wird ausgemauert, der Schlot etwa 50 cm von der Wand des Heißluftkastens entfernt, aus Stein hochgeführt. Auf der Feuerungs- und Schlotseite des Ofens wird die Wand 40 cm hoch aus Stein gemauert. Der Feuerschacht ist mit einer Eisenplatte zu decken. Diese verbiegt sich während des Heizens, ist daher nicht einzumauern, sondern nur in Steinführungen einzulegen. Wenn sie schadhaft wird, ist sie gegen eine neue auszuwechseln.

Der übrige Teil des Heißluftofens kann aus Bretterholz (doppelwandig) gebaut werden, wenn keine Steine vorhanden sind.

Die Bretter der Seitenwände stehen 15 cm voneinander entfernt; der Zwischenraum ist mit Zementbeton oder Erde auszufüllen. Die Türen sind ebenfalls doppelwandig und können mit Torfmull beschickt werden.

Beschlagen der Innenwände mit Blech ist zur besseren Abdichtung ratsam, doch darf die untere Kante des Blechs die Erde oder gar die untere Eisenplatte nicht berühren (Wärmeleitung!) Letztere muß überall mindestens 30 cm von den senkrechten Seitenwänden entfernt bleiben.

Das Thermometer ist in halber Höhe des Ofens auf der Feuerseite anzubringen. Temperaturregulierung des Ofens erfolgt durch stärkere und geringere Feuerung, bezw. durch Öffnen der unreinen Tür. Zur Kontrolle der Temperaturen in den Kleidern ist an Stelle von Maximum-Thermometern und Phenanthrenröhrchen (Sticher) Schrägagar aus jedem bakteriologischen Laboratorium gut geeignet. In den Reagenzgläsern schmilzt die schräg erstarrte Schicht bei etwa 98 Grad, d. h. bei Temperaturen, die Läuse und Nissen sofort töten. Wenn die Innentemperatur des Ofens 100 Grad nicht übersteigt — diese Temperatur tötet Läuse und Nissen sofort —, besteht keine Feuersgefahr, auch leiden weder Uniformen noch Ledersachen, wie vielfache Beobachtungen ergaben. Feuersgefahr besteht erst bei 160 Grad.

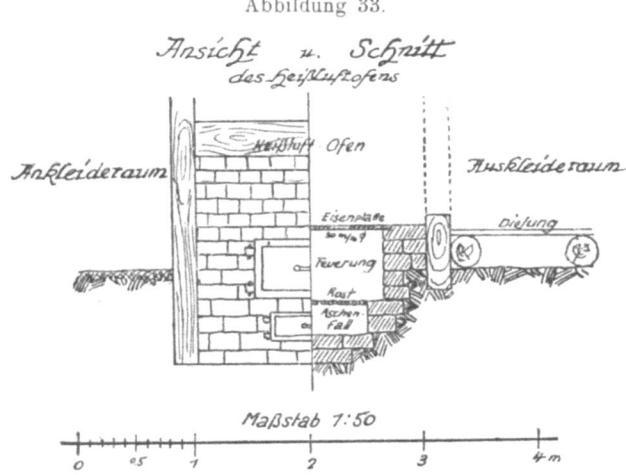

Abbildung 33.

Den Hauptvorteil des beschriebenen Ofens erblicke ich darin, daß er sich leicht überall aus Brettern oder Rundholz improvisieren läßt, zum Bau sind nur wenige Ziegel oder Bruchsteine nötig. (Abb. 33.)

Für größere Badeanlagen empfiehlt sich in Anlehnung an ein „Österr. Einheitsbad mit 6 Brausen" die von uns in Abb. 32 verwandte Konstruktion.

Die Anlage liefert dauernd kaltes und heißes Wasser, das durch Mischung zum Baden geeignet ist.

Zur Desinfektion von Kleidern, Decken usw. eignen sich die beschriebenen Heißluftkästen nur, wenn sie als Formalinschränke benutzt werden (6 Stunden Desinfektionszeit; alle Gegenstände locker aufhängen!). Verdampfen von Wasser in den Heißluftöfen durch Auftropfen von Wasser auf die Eisenplatten, Einstellen von Eimern mit Wasser bietet keine besonderen Vorteile. Der hierbei entstehende

„überhitzte" Wasserdampf wirkt wie heiße Luft: Erst Temperaturen über 160 Grad töten Krankheitserreger.

Ist Desinfektion nötig, so sind fahrbare Desinfektionsapparate zu verwenden.

In diese dürfen keine mit Blut oder Eiter beschmutzte Kleider gebracht werden, da die Flecken festbrennen und sich nie mehr entfernen lassen. Das Desinfektionsgut ist locker und glatt aufzuhängen, sonst dringt der Dampf nicht durch. Im Innern dicht geschnürter Bündel findet keine Keimtötung statt. Nicht glatt aufgehängte Uniformen zerknittern außerdem und werden unansehnlich.

Leder wird im Dampf brüchig und unbrauchbar.

24. Heft. Kriegschirurgen und Feldärzte in der Zeit von 1848 bis 1868. Von Oberstabsarzt a. D. Dr. Kimmle. 1904. 14 M.

25. Heft. Ueber die Entstehung und Behandlung des Plattfusses im jugendlichen Alter. Von Dr. Schiff. 1904. 2 M.

26. Heft. Ueber plötzliche Todesfälle, mit besonderer Berücksichtigung der militärärztlichen Verhältnisse. Von Oberarzt Dr. Busch. 1904. 2 M. 40 Pf.

27. Heft. Kriegschirurgen und Feldärzte der Neuzeit. Von Oberstabsarzt Prof. Dr. A. Köhler. 1904. 18 M.

28. Heft. Beiträge zur Schutzimpfung gegen Typhus. Bearbeitet in der Medizinal-Abteilung des Königl. Preuss. Kriegsministeriums. Mit 10 Kurven im Text. 1905. 1 M. 60 Pf.

29. Heft. Arbeiten aus den hygienisch-chemischen Untersuchungsstellen. Zusammengestellt in der Medizinal-Abteilung des Königlich Preussischen Kriegsministeriums. I. Teil. 1905. 2 M. 40 Pf.

30. Heft. Ueber die Feststellung regelwidriger Geisteszustände bei Heerespflichtigen und Heeresangehörigen. Beratungsergebnisse aus der Sitzung des Wissenschaftl. Senats bei der Kaiser Wilhelms-Akademie für das militärärztliche Bildungswesen am 17. Februar 1905. Mit 3 Kurventafeln im Anhang. 1905. 1 M.

31. Heft. Die Genickstarre-Epidemie beim Badischen Pionier-Bataillon Nr. 14 (Kehl) im Jahre 1903/1904. Mit einem Grundriss der Kaserne und zwei Anlagen. 1905. 3 M. 60 Pf.

32. Heft. Zur Kenntnis und Diagnose der angeborenen Farbensinnstörungen. Von Stabsarzt Dr. Collin. 1906. 1 M. 20 Pf.

33. Heft. Der Bacillus pyocyaneus im Ohr. Klinisch-experimenteller Beitrag zur Frage der Pathogenität des Bacillus pyocyaneus. Von Stabsarzt Dr. Otto Voss. Mit 5 Tafeln. 1906. 8 M.

34. Heft. Die Lungentuberkulose in der Armee. Im Anschluss an Heft 14 der Veröffentlichungen bearbeitet von Stabsarzt Dr. Fischer. 1906. 2 M.

35. Heft. Beiträge zur Chirurgie und Kriegschirurgie. Festschrift zum siebzigjährigen Geburtstage Sr. Exz. v. Bergmann gewidmet. Mit dem Porträt Exz. v. Bergmann's, 8 Tafeln und zahlreichen Textfiguren. 1906. 16 M.

36. Heft. Beiträge zur Kenntnis der Verbreitung der venerischen Krankheiten in den europäischen Heeren sowie in der militärpflichtigen Jugend Deutschlands. Von Stabsarzt Dr. H. Schwiening. 1907. Mit 12 Karten und 8 Kurventafeln. 6 M.

37. Heft. Ueber die Anwendung von Heil- und Schutzseris im Heere. Beratungsergebnisse aus der Sitzung des Wissenschaftl. Senats bei der Kaiser Wilhelms-Akademie für das militärärztliche Bildungswesen am 30. November 1907. 1908. 1 M. 20 Pf.

38. Heft. Arbeiten aus den hygienisch-chemischen Untersuchungsstellen. Zusammengestellt in der Medizinal-Abteilung des Königlich Preussischen Kriegsministeriums. II. Teil. 1908. 2 M. 80 Pf.

39. Heft. Ueber das Auftreten von Sarkomen, sowie von Haut-, Gelenk- und Knochentuberkulose an verletzten Körperstellen bei Heeresangehörigen. Von Oberstabsarzt Dr. Eichel. 1908. 80 Pf.

40. Heft. Ueber die Körperbeschaffenheit der zum einjährig-freiwilligen Dienst berechtigten Wehrpflichtigen Deutschlands. Auf Grund amtlichen Materials unter Mitwirkung von Oberstabsarzt Dr. Nicolai bearbeitet von Stabsarzt Dr. Heinrich Schwiening. 1909. 5 M.

41. Heft. Arbeiten aus den hygienisch-chemischen Untersuchungsstellen. Zusammengestellt in der Medizinal-Abteilung des Königlich Preussischen Kriegsministeriums. III. Teil. 1909. 2 M. 40 Pf.

42. Heft. Die altrömischen Militärärzte. Von Stabsarzt Dr. Haberling. Mit 1 Titelbilde und 16 Textfiguren. 1910. 2 M. 80 Pf.

43. Heft. Die Hagenauer Ruhrepidemie des Sommers 1908. Bearbeitet in der Medizinal-Abteilung des Kgl. Preuss. Kriegsministeriums. Mit 3 Tafeln u. 8 Abb. im Text. 1910. 2 M. 80 Pf.

44. Heft. Berichte über die Wirksamkeit des Alkohols bei der Händedesinfektion. Zusammengestellt in der Medizinal-Abteilung des Königlich Preussischen Kriegsministeriums. Mit 8 Textfiguren. 1910. 2 M. 40 Pf.

45. Heft. Arbeiten aus den hygienisch-chemischen Untersuchungsstellen. Zusammengestellt in der Medizinal-Abteilung des Königlich Preussischen Kriegsministeriums. IV. Teil. 1911. 3 M.

46. Heft. Beiträge zur Lehre von der sog. „Weil'schen Krankheit". Klinische und ätiologische Studien an der Hand einer Epidemie in dem Standort Hildesheim während des Sommers 1910. Von Generalarzt Dr. Hecker und Stabsarzt Prof. Dr. Otto. Mit 10 Tafeln, 1 Skizze und 15 Kurven im Text. 1911. 8 M.

MIX
Papier aus verantwortungsvollen Quellen
Paper from responsible sources
FSC® C105338

If you have any concerns about our products,
you can contact us on
ProductSafety@springernature.com

In case Publisher is established outside the EU,
the EU authorized representative is:
**Springer Nature Customer Service Center GmbH
Europaplatz 3, 69115 Heidelberg, Germany**

Printed by Libri Plureos GmbH
in Hamburg, Germany